Bibliografische Information der Deutschen Nationalbibliothek:

Die Deutsche Bibliothek verzeichnet diese Publikation in der Deutschen National-
bibliografie; detaillierte bibliografische Daten sind im Internet über http://dnb.d-
nb.de/ abrufbar.

Impressum:

Copyright © 2010 GRIN Verlag, Open Publishing GmbH
Druck und Bindung: Books on Demand GmbH, Norderstedt Germany
ISBN: 9783640654871

Dieses Buch bei GRIN:

http://www.grin.com/de/e-book/153367/gps-navigation-und-verkehrslenkung-fuer-
private-nutzung

Fabian Seyffarth

GPS-Navigation und Verkehrslenkung für private Nutzung

GRIN Verlag

Seminar: Diffusion der Kommunikation

Semester: SS 2010

GPS-Navigation und Verkehrslenkung für private Nutzung

Fabian Seyffarth .

Studienfach: M.Sc. Wirtschaftsgeographie

Inhalt:

1 Einleitung

GPS bzw. Satellitennavigation hat heute auf den Alltag vieler Menschen Einfluss gefunden. Oftmals ist es dem Menschen gar nicht bewusst in welchen Bereichen des täglichen Lebens GPS-Techologie zur Anwendung kommt. Dies liegt darin begründet, dass eine Vielzahl der Anwendungsbereiche nicht der direkten privaten Nutzung unterliegt. Dies bedeutet, dass viele Menschen sich nicht darüber bewusst sind, das GPS-Technologie heute in der Logistik, im ÖPNV, in der Landvermessung, im Baugewerbe in der Landwirtschaft und in vielen weiteren Bereichen, die auch den täglich Alltag aller Menschen bestimmen, Einfluss hat. Aber auch die private, bewusste Nutzung von GPS nimmt rapide zu und findet hohe Akzeptanz.

Diese Arbeit erläutert zu Beginn die Entwicklung und die technischen Grundlagen der heutigen GPS-Navigation. Die wesentliche Anwendung der Satellitennavigationstechnologie im Kfz-Bereich wird anschließend besonders ausführlich betrachtet, da sie in hohem Maße für die moderne Verkehrsführung verantwortlich ist und eine sehr dynamische Marktentwicklung aufweist. Da der Zukunftsmarkt der GPS-Technologie im privaten Bereich im Mobilfunksektor gesehen wird, wir diese anschließen vorgestellt. Auch weitere privaten Anwendungsbereiche, die nicht unmittelbar mit der Verkehrsführung, wohl aber mit der individuellen, privaten Routenführung in Zusammenhang stehen sind darauf folgend kurz beschrieben.

2 GPS: NAVSTAR GPS

Spricht man heute von Satellitennavigation oder GPS so ist meist das US-amerikanische NAVSTAR-Satellitensystem gemeint, welches im Folgenden beschrieben wird. Da neben existieren jedoch weitere nennenswerte System, welche in Kapitel 4 und 5 kurz vorgestellt werden.

In diesem Kapitel werden ausgehend vom NAVSTAR-GPS die Entwicklungen im Bereich der Satellitennavigationstechnik, also der Technik, welche der Anwendung zu Grunde liegt, vorgestellt. Die Entwicklung der (privaten) Anwendungsseite der Satellitennavigation wird in Kapitel 6 genau beschrieben.

2.1 Historie

Das „**G**lobal **P**osition **S**ystems", kurz GPS, ist ursprünglich eine rein militärische Entwicklung mit der Vorgabe ein System zu entwickeln, welches eine Bestimmung von Position und Geschwindigkeit von beliebigen ruhenden und sich bewegenden Objekten ermöglicht um damit eine weltweite Navigation mit hoher Genauigkeit zu gewährleisten (Mansfeld 2004: 107). Bisherige terrestrische Navigationsinstrumente konnten dies nicht gewährleisten da sie auf Grund der Erdkrümmung niemals flächendeckend arbeiten konnten. Unter dem Namen NAVSTAR (**Nav**igation **S**ystem for **T**iming **a**nd **R**anging) wurden im Jahr 1978 die ersten Satelliten im Auftrag des amerikanischen Verteidigungsministeriums in die Erdumlaufbahn transportiert. Die erste „Prototypen-Phase" (Block I) dauerte bis zum Jahr 1985 und war mit mäßigem Erfolg gekrönt. Von insgesamt elf in Betrieb genommenen Satelliten wiesen lediglich drei überhaupt keine Probleme auf (Strobel 1995: 82f). Im Jahr 1989 wurden weiterentwickelte „Block II Satelliten" und im Jahr 1990 die ersten „Block IIA Satelliten" (A=advanced) in die Erdumlaufbahn transportiert, welche zuverlässiger arbeiten (Schildt 2008: 36ff). Bis heute wurden über 50 NAVSTAR-Satelliten ins All geschossen. Bei einer Lebensdauer von rund fünf bis 15 Jahren befinden sich der Zeit gut 30 Satelliten in der Umlaufbahn. Eine vollständige Nutzung des Systems war erstmals im Jahr 1992 möglich. Von Beginn an war eine kostenlose zivile Nutzung des GPS-Signals nicht ausgeschlossen. Allerdings wurden die Signale ab dem Block II getrennt (**S**elective **A**vailability /SA), in Signale für militärische Nutzung (**P**recise **P**ositioning **S**ervice/PPS) und Signale für zivile Nutzung (**S**tandart **P**ositioning **S**ervice/SPS). Während PPS eine Genauigkeit von unter 10 Metern erlaubt wurde bei SPS eine künstliche Ungenauigkeit von rund 100 Metern implementiert. Die Überlegungen die hierzu führten lagen wohl im Denken des Kalten Krieges. Nach Ende des Kalten Krieges wurde im Jahr 2000 die SA abgeschaltet (Schildt 2008: 44 & Mansfeld 2004: 107f & Köhne / Wößner (Hrsg.) 2010b) Dies ist ein wichtiger Punkt in der Entwicklung der zivilen Nutzung des GPS-Systems, da erst hier die Nutzung für eine genaue Positionsbestimmung für private Anwender möglich war. Dies ist der Beginn einer ernst zu nehmenden Diffusion der zivilen Nutzung. In neue Satelliten, die ab dem Jahr 2005 in Anwendung gebracht wurden, wurden neue militärische Signale implementiert, welche wohl eine weitere Genauigkeitssteigerung aufweisen jedoch nicht für die zivile Nutzung zugänglich sind (Krebs (Hrsg.) 2009)

2.2 Technik – Theorie und Praxis

Bei der folgenden Beschreibung der Funktionsweise von modernen GPS-Satellitennavigationssystemen werden technische Details wie beispielsweise Frequenzbereiche oder Fehlerkorrekturen bei Laufzeitmessungen ausgelassen, da diese für diese Arbeit nicht weiter relevant sind. Viel mehr soll hier erläutert werden, nach welchem Grundprinzip es möglich ist eine Position auf der Erde zu bestimmen (Theorie) und was nötig ist um das GPS-System zu betreiben (Praxis).

2.2.1 Theorie

Die „Technik" oder besser, das mathematische Verfahren, auf dem Positionsbestimmung in der Satellitennavigation beruhen wird als Trilateration bezeichnet und ist eine Methode der Standortbestimmung welche auf Entferungs- bzw. Abstandsmessungen beruht. Grundsätzlich unterscheidet man Navigationsarten nach Art der Ortung. Während bei der so genannten „Fremdortung" die Position eine Objektes von außerhalb bestimmt wird, ermittelt das Objekt bei der so genannten „Eigenortung" seinen Standpunkt selber (Mansfeld 2004: 1 & Schildt 2008: 28). Bei der Satellitennavigation erfolgt eine Eigenortung des GPS-Empfängers mit Hilfe der Trilateration. Ein GPS-Satellit sendet seine ein Funksignal zur Erde, welches (unter anderem) Sendezeit und Position des Satelliten beinhaltet. Da die Geschwindigkeit der Verbreitung des Signal bekannt ist (300.000 km/s , Lichtgeschwindigkeit) ist es dem Empfänger möglich, nach dem alt bekannten Gesetz „Weg = Geschwindigkeit * Zeit" die Distanz zum Satelliten zu berechnen. Voraussetzung hierfür ist die Synchronisation der „Empfangsgerätzeit" mit der Zeit der Atomuhren der Satelliten. Eine solche Synchronisation geht den Messungen in GPS-Empfangsgeräten voraus. Der Empfänger befindet sich bei Betrachtung der Informationen eines Satelliten irgendwo auf einer Kugeloberfläche, welche durch einen Radius gleich der Entfernung des Satelliten zum Empfänger beschrieben ist (vgl. Abb. 1).

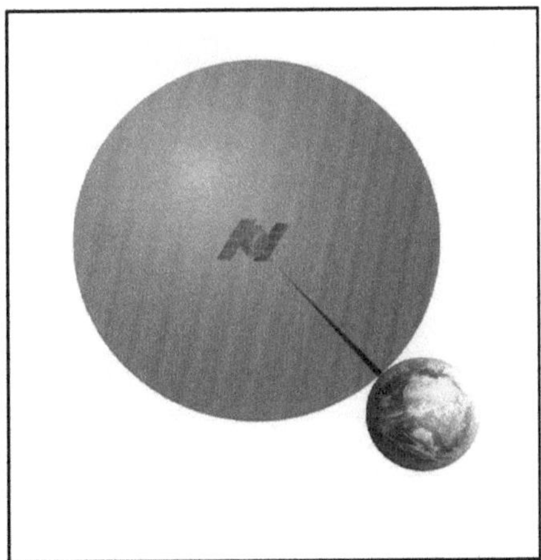

Abbildung 1 - Kugel um Satellit mir Radius gleich der Entfernung zum Sender.
Quelle: BASE TEN SYSTEMS Electronics GmbH (Hrsg.) 1997: 12

Durch synchrone Messung einer weiteren Distanz zu einem weiteren Satelliten entsteht theoretisch ein Schnittkreis zweier Kugeln (um die zwei Satelliten) auf dem sich der Empfänger befinden muss (vgl. Abb. 2).

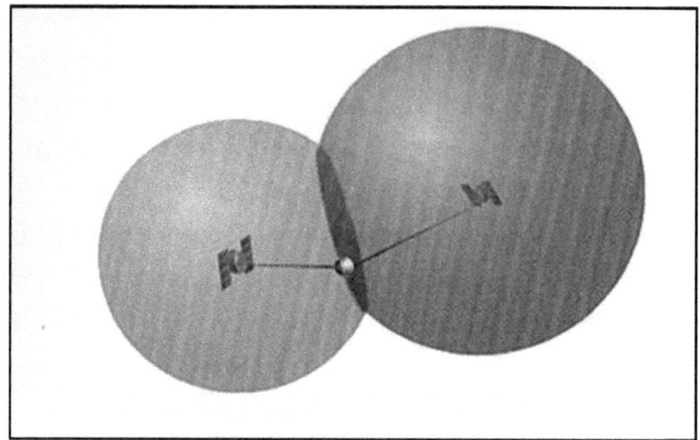

Abbildung 2 - Schnittkreis der Kugeln zweier Satelliten.
Quelle: BASE TEN SYSTEMS Electronics GmbH (Hrsg.) 1997: 13

Kommt nun eine dritte Kugel eines dritten Satelliten hinzu kann theoretisch die Position bereits errechnet werden, da es nur noch zwei Schnittpunkte der Schnittkreises der ersten beiden Kugeln mit der dritten Kugel gibt und eine der Beiden so errechneten Position meistens unrealistisch ist und nicht auf der Erdoberfläche liegt (vgl. Abb. 3).

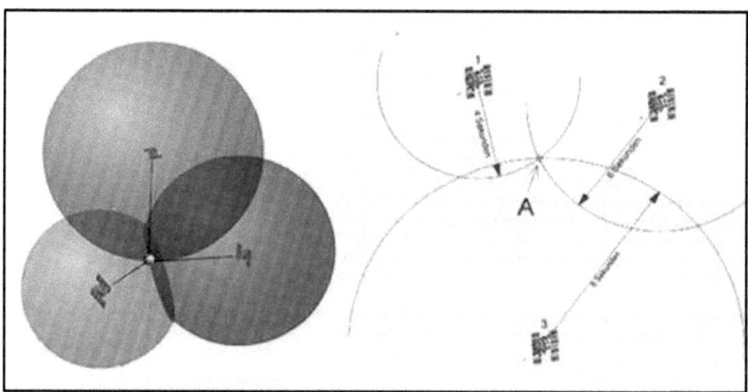

Abbildung 3 - Schnittpunkt(e) der Kugeln dreier Satelliten.
Quelle: Strobel 1995: 106 & BASE TEN SYSTEMS Electronics GmbH (Hrsg.) 1997: 14

Hieraus ergibt sich, dass man für eine dreidimensionale Positionsbestimmung einen weiteren Satelliten benötigt. Bei der Positionsbestimmung von Flugzeugen oder Objekten in hohen Bergen beispielsweise kann ein sich nicht auf der Erdoberfläche befindende Punkt auch realistisch sein kann. Durch den Einbezug einer weiteren, vierten theoretischen Kugel in die Berechnung kann die Position eindeutig bestimmt werden. Heute haben Empfangsgeräte weltweit meiste eine Auswahl aus mehr als vier zur Verfügung stehenden Satelliten. Zu Gunsten der Genauigkeit wird in der Praxis auch bei Positionsbestimmungen auf der Erdoberfläche, also im theoretisch zweidimensionalen Raum ein vierter Satellit mit in die Berechnung eingebunden (Schildt 2008: 28ff & BASE TEN SYSTEMS Electronics GmbH (Hrsg.) 1997: 8ff & Strobel 1995: 104ff).

2.2.2. Praxis

Der Betrieb des NAVSTAR- Satellitensystems bedarf drei so genannter Segmente:

- Raumsegment (1)
- Kontrollsegment (Bodensegment)(2)
- Nutzersegment (3)

(1) Das Raumsegment bestehet aus den, sich in der Erdumlaufbahn befindenden, GPS-Satelliten, welche mit Hilfe von Trägerraketen in die Erdumlaufbahn befördert werden. Ihre Energieversorgung erfolgt mittels Solarmodulen. Und ihre Ausstattung umfasst unter anderem bis zu drei Atomuhren und Sender. Die Satelliten umkreisen die Erde in sechs Bahnneigungsebenen. Auf jeder Ebene sind 4 Satelliten in gleichen Abständen vorgesehen, in der Praxis sind es jedoch meist mehr (Schildt 2008: 45ff).

(2) Aufgabe des Kontrollsegmentes ist die Überwachung der Funktion des gesamten Systems. Das Kontrollsegment besteht aus eine Hauptkontrollstation, fünf Monitorstationen und drei Bodensendestationen. Die Organisation der Stationen erfolgt nach dem „Master-Slave-Prinzip". Die Masterstation ist die Bodenkontrollstation in Colorado/Springs, USA. Ihre Aufgabe besteht darin, die Daten der Satelliten, welche von den Monitorstationen gesammelt werden zu verarbeiten. So werden in der Bodenkontrollstation beispielsweise Umlaufbahnen oder Daten, die der Satellit zu Positionsbestimmung senden soll, berechnet. Die Masterstation ist die einzige Station die berechtigt ist, Daten der Satelliten zu aktualisieren. Eine Aktualisierung der Daten wird von den Bodensendestationen ausgeführt (vgl. Abb.5). Abbildung 4 zeigt die Standorte der Kontrollsegmente. Die spezielle Verteilung der Kontrollsegmente ermöglicht bis zu drei Kommunikationen pro Tag zu jedem Satelliten (Mansfeld 2004: 114ff & Schildt 2008: 43ff.).

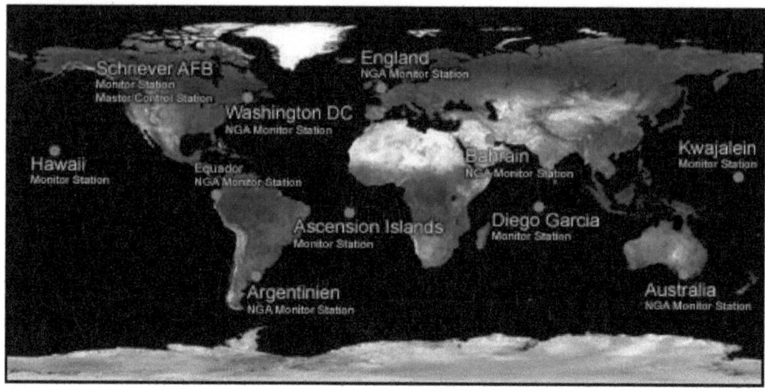

Abbildung 4 - Globale Verteilung der Kontrollsegmente von GPS. Quelle: Köhne / Wößner (Hrsg.) 2010a

(3) Das Nutzsegment ist stellvertretend für die Anwenderseite des Systems. Es Umfasst im Grunde alle in verschiedene Applikationen eingebundenen GPS-Empfänger. Moderne GPS-Empfänger, selbst im zivilen Bereich, besitzen heute i.d.R. 12 Kanäle und können somit bis zu 12 Signal gleichzeitig verarbeiten. Anwendungsbereich außerhalb der privaten Nutzung liegen u.a. in den Bereichen Erderkundung, Lagerstättenerkundung, Kartenaufnahme, Straßenprojekte, Bauprojekte, Geodäsi, Geodynamik, Luft- und Raumfahrt, Seefahrt und Landwirtschaft. Der Hauptanwendungsbereich in der privaten Nutzung, mit dem sich die folgenden Kapitel befassen, liegt im Bereich Landverkehr (Mansfeld 2004: 118f & BASE TEN SYSTEMS Electronics GmbH (Hrsg.) 1997: 10f & Schildt 2008: 51).

Die folgende Abbildung verdeutlicht die Funktion und die Verflechtung der Segmente.

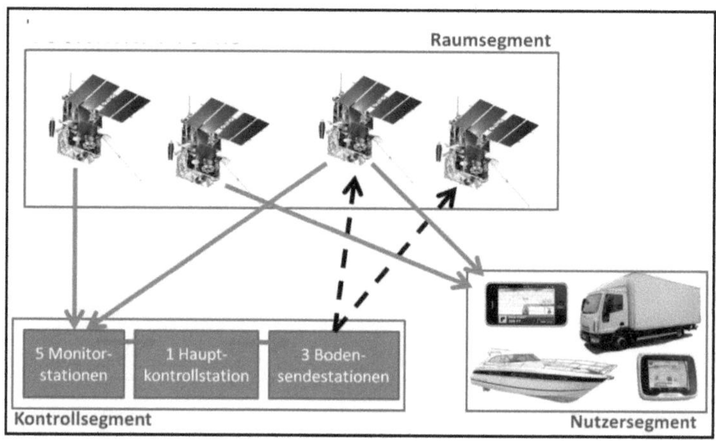

Abbildung 5 - Segmente des GPS-Systems. Eigene Darstellung, nach: Mansfeld 2004: 111

3 DGPS

DGPS (**D**ifferential **G**lobal **P**ositioning **S**ystem) ist ein Weiterentwicklung bzw. Ergänzung zum „normalen" GPS. Für das Verfahren des Differential-GPS werden Referenzstationen errichtet. Diese Stationen sind besonders genau vermessen und ermitteln durch den abgleich ihrer eigenen, genau bekannten Position und der aus den GPS-Satelliten ermittelten Position einen Korrekturwert. Dieser Korrekturwert wird an die mit DGPS ausgestatten GPS-Empfangsgeräte gesendet. Hierdurch ist eine erhöhte Genauigkeit zu erzielen. Die Genauigkeit mit DGPS liegt im Zentimeterbereich. Neben Anwendungsbereichen in der Luft- uns Seefahrt und Vermessungswesen ist dieses Verfahren besonders in der Kfz-Navigation von Bedeutung (May 2002: 18f & Mansfeld 2004: 213ff). Die Funktionsweise von DGPS in der Kfz-Navigation wird in Kapitel 6.1.3 beschrieben.

4 GLONASS

Da die Entwicklung der Satellitennavigationssystem, wie bereits beschrieben, während des Kalten Kriegs statt fand, ist es nicht verwunderlich, dass auch die ehemalige Sowjetunion ein dementsprechendes System aufbaute. Das sowjetische Pendant zu NAVSTAR, namens GLONASS (**Glo**bal **Na**vigation **S**atellite **S**ystem), wurde ebenfalls in den 1970er Jahren entwickelt. Der operative Betrieb wurde im Jahr 1993 aufgenommen. Die Grundlagen der Positionsbestimmung sind mit denen des NAVSTAR-System zu vergleichen. Da das „GLONASS-Signal" bereits seit dem Jahr 1988 uneingeschränkt frei zugänglich war und es nie eine „Selective Availability" gab, war vor dem Jahr 2000 über die - noch recht geringe Anzahl der - GLONASS-Satelliten eine höhere Genauigkeit in der Standortbestimmung für private Nutzer möglich. Die heute bessere Leistungsfähigkeit des NAVSTAR-System ergibt sich aus der höheren Anzahl an Satelliten. Im Bereich der Anwendung sorgen besonders ambitionierte GPS-Empfänger, mit der Fähigkeit NAVSTAR und GLONASS Signale zu verarbeiten, für die beste zu erzielenden Leistung. Der Betrieb des GLONASS erfolgt in Raum-, Kontroll- und Nutzersegment, wie vom NAVSTAR bekannt. Das GLONASS-System wird ebenfalls weiterhin ausgebaut und soll mit 24 aktiven von insgesamt 27 Satelliten konstant arbeiten (Mansfeld 2004: 255ff).

5 GALILEO

GALILEO ist der Name der europäischen Variante der Satellitennavigation. Das System befindet sich noch in der Planung und ist als Public-Private-Partnership konzipiert. Neben den Mitgliedsländern der EU beteiligen sich auch private Firmen und andere Länder aus aller Welt am Aufbau des Systems. Initiator von GALILIE war die EU. Anders als GLONASS und NAVSTAR soll GALILEO keiner militärischen Kontrolle unterliegen. Mit dem Aufbau eines eigenen Satellitensystems soll eine Unabhängigkeit von amerikanischen bzw. russischen Systemen erreicht werden, zugleich ist GALILEO so ausgelegt, dass das System mit GLONASS und NAVSTAR kompatibel ist. So wird eine enorme Leistungsfähigkeit, besonders in Hinblick auf das Ausfallrisiko, gewährleistet. Der Beschluss GALILEO zu entwickeln wurde im Jahre 1999 von der EU gefasst. Das enorme, auch wirtschaftliche, Potential der Satellitennavigation wurde bereits früh erkannt. Obwohl das Projekt innerhalb der EU umstritten ist sprechen die Prognosen doch für die Realisierung. Demnach schaffte und sichere GALILEO rund 100.000 Arbeitsplätze und der für GALILEO erwartete Endgeräte- und Dienstleistungsmarkt betrage rund 9 Mrd. € pro Jahr. Wenn auch die politischen Diskussionen um Finanzierungen und Zuständigkeiten an dieser Stelle auf Grund ihrer Komplexität ausgeblendet werden, so soll doch angemerkt werden, dass diese Vorhanden waren und erst 2003 vollständig beigelegt werden konnten. Weitere Diskussionen, über den von privatwirtschaftlichen Firmen zu erbringenden Teil der Finanzierung (ca. 1,5 Mrd € von insgesamt 3,2 Mrd €), wurden mit einer vollständigen Anschubfinanzierung aus EU-Mitteln im Jahr 2007 beendet. Das Public-Private-Partnership soll nunmehr die Betriebskosten von rund 200 Mio. € pro Jahr abdecken. Hierfür ist vorgesehenen, das die Industrie als Betreiber und Konzessionär auftritt. Durch die ausgeprägten Diskussionen befindet sich die Realisierung bereits ca. 2 Jahre hinter dem Zeitplan. Ursprünglich sollte das System Ende 2010 betriebsfähig sein. Was GALILEO von den bisherigen Systemen abheben soll ist nicht die verwendete Technik (diese ähneld den bekannten Systemen) sonder die operationelle Einsetzbarkeit. So ist beispielsweise eine Haftung der privaten Betreibergesellschaft gegenüber privaten Nutzern vorgesehen. Neben einem Basisdienst soll GALILEO weiter – kommerzielle – Dienste zur Verfügung stellen, welche sich vor allem durch garantierte Verfügbarkeit auszeichnen. Weitere Dienste von GALILEO sollen der Allgemeinheit dienen in dem Sie beispielsweise für Sicherheits- und Rettungsaufgaben zur Verfügung stehen (Schildt 2008: 93ff & Focus Online (Hrsg.) 2010 & esa (hrsg.) 2006).

6 GPS-Navigation in privater Anwendung

Dieses Kapitel befasst sich ausführlich mit der Nutzung des GPS-System durch private Anwender. Im Folgenden werden die gängigsten Anwendungsbereiche beschrieben und deren Entwicklung auch im Hinblick auf den Markt erläutert.

Vorab sei gesagt, dass die Nutzungsmöglichkeiten des Systems so Umfangreich sind, dass die hier beschriebenen Anwendung lediglich eine Auswahl darstellt und keinen Anspruch auf Vollständigkeit hat. Vielmehr sollen in dieser Arbeit verkehrsbezogenen, private Anwendungen genauer vorgestellt werden. Zu den hier nicht näher vorgestellten Anwendung zählen unter anderem Navigation für Sehbehinderte, Zeitmesstechnik, Agribusiness, Eisenbahnsignaltechnik, Fischfang, Seenotrettung, Schifffahrt und weitere (Schildt 2008: 169ff).

6.1 GPS in der Kfz-Navigation

Da „Navis" heute weitgehendste bekannt sind muss zu Beginn dieses Kapitels eine Grundsätzliche Unterscheidung getroffen werden. Die ursprüngliche Entwicklung der Kfz-Navigation setzt ein fest im Fahrzeug verankertes System voraus (InCar-Navigation). Erst in den letzten Jahren findet eine Kfz-Navigation vermehrt mit „Portable Navigation Devices" (PNDs) also Tragbaren Navigationsgeräten oder eben „Navis" statt.

6.1.1 InCar-Navigationssysteme

Die Aufgabenstellung für private Nutzung von GPS im Straßenverkehr ist die Führung eines Fahrzeuges zu einem bestimmten Ort unter Berücksichtigung von Strecken- und im Idealfall Verkehrsbeeinflussung. Die zur Erfüllung dieses Aufgabenprofils genutzte Technik bezeichnet man als „Zielführungssysteme".

Zielführungssysteme wurden bereits seit Anfang der 1980er Jahre entwickelt. Die damalige Funktionsweise wird als „Dead-Reckoning" bezeichnet. Hierbei wurden ständig Daten wie Fahrtrichtung und Geschwindigkeit dazu genutzt, den von einem Startpunkt zurückgelegten Weg zu berechnen. Die Daten wurden aus eine Kompass und einem Drehzahlmesser an den Reifen des Fahrzeugs ermittelt. Der ermittelte zurückgelegt Weg wurde ständig mit einer digitalen Kartengrundlage abgeglichen um so die Position zu bestimmen. Dieses Verfahren wies jedoch, besonders mit zunehmender Streckenlänge, hohe Ungenauigkeiten auf. Seit Mitte der 1990er Jahre wurde das oben beschrieben Verfahren mit GPS-Ortungsverfahren gekoppelt. Eine alleinige Verwendung von GPS-Positionsdaten zur Fahrzeugnavigation war zu diesem Zeitpunkt auf Grund der „Selective Aviability" des GPS-Systems und der damit verbundenen künstlichen Ungenauigkeit von > 100 m nicht möglich (May 2002: 17ff & Mansfel 2004: 310ff). Bei der weiteren Entwicklung der Kfz-Navigation wurde für eine Genauigkeitssteigerung auf das bereits beschriebene DGPS-Verfahren zurückgegriffen. Vor allem in Ballungsräumen mit dichter Bebauung konnte ein ständiges Funksignal von den GPS-Satelliten wegen Funkschatten nicht gewährleistet werden. DGPS-Korrekturdaten können in der Kfz-Navigation erheblich zur Genauigkeit beitragen. ist Abbildung 6 zeigt alle Komponenten die eines „InCar-Navigationssystem" zusammenarbeiten (May 2002: 17ff).

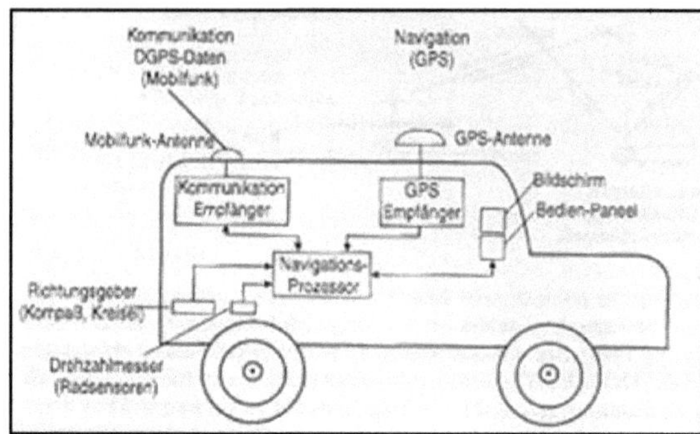

Abbildung 6 – Komponenten einer InCar Navigationssystems. Quelle: Mansfeld 2004: 311

Korrekturdaten des DGPS werden in Deutschland seit dem Jahr 1996 vom Bundesamt für Kartographie und Geodäsie ermittelt und über Rundfunkfrequenzen in Echtzeit verbreitet. Als Standard der Datenübermittlung wir das „**R**adio **D**ata **S**ystem" (RDS) genutzt, hiermit lassen sich unterschiedliche Daten über die Radiofrequenzen verbreiten. Mittelfristig soll das analoge RDS vom digitalen DAB (**D**igital **A**udio **B**roadcasting) abgelöst werden. Eine Eigenschaft von DGPS ist, dass die Genauigkeit der Berechnung mit Distanz zur Referenzstation abnimmt. Daher gibt es in Deutschland (und auch Europaweit und in weiteren Ländern) ein Flächendeckendes Netz von Referenzstationen deren Korrekturdaten in Echtzeit gesendet werden. (Schildt 2008: 155ff & Bundesamt für Kartographie und Geodäsie (Hrsg.) 2010).

6.1.2 Portable Navigation Devices

Während das im vorherigen Kapitel beschriebene Zielführungssystem auf Grund seiner Komplexität (auch durch den Einbau in ein Automobil und seine Nutzung von DGPS) sehr kostenintensiv und unflexibel ist, hat eine weitere, zum Teil parallele Entwicklung in eine andere Richtung statt Gefunden. Mit Abschaltung der Selective Abviability im Jahr 2000 begann wohl die Entwicklung der PNDs. Hinzu kommen weitere technische Entwicklungen im Mikrochip- und LCD-Displaybereich, welche es ermöglichen, mobile Navigationsgeräte, welche in einem handlichen Format ein Display mit einem GPS-Empfänger und einem Mikrochip sowie einer Navigationssoftware vereinen, herzustellen. Diese Geräte werden bevorzugt für die Kfz-Navigation benutzt, können aber auf Grund ihrer Flexibiltät auch in anderen Bereichen eingesetzt werden (vgl. Kapitel 6.3). Während die im vorherigen Kapitel beschriebenen InCar-Systeme eine ehr geringere Verbreitung aufweisen, weist der Endverbrauchermarkt für PNDs eine rasante Entwicklung auf.

6.1.2.1 PNDs – Marktentwicklung

Wie bereits erwähnt hat sich der Markt für mobile Navigationsgeräte in den vergangenen Jahren stark weiterentwickelt. Bei der Studie von Literatur von Ende der 1990er Jahre wurde die Mobile Navigation noch als eine Zukunftsvision beschrieben. Man erkannte jedoch, dass es einen potentiellen Markt für die private Nutzung der GPS-Positionsbestimmung gibt. Denn noch waren private Investitionen in das gesamte Technologiefeld sehr zurückhaltend. Der Hemmnißfaktor war die staatliche bzw. militärische Kontrolle des Systems welche zu Beginn abschreckend auf Investoren wirkte, da eine uneingeschränkte kostenlose Verfügbarkeit nicht berechenbar war (vgl. 4 S.44ff). Gründe für die dann doch erfolgende dynamische Entwicklung auf dem Markt können neben der Abschaltung der Selective Aviability auch in der Errichtung des GALILEO-Systems (mit deutlicher privatwirtschaftlicher Ausrichtung) gesehen werden (siehe auch Kapitel 5). Der Absatz für private Autonavigationssysteme in Europa lag im Jahr 2000 bei rund 600.000 Stück, 2001 waren es bereits 1 Mio. Stück (May 2002: 22). Bereits im Jahr 2005 wurden alleine in Deutschland rund 500.000 PNDs verkauft, in Westeuropa gesamt 2,3 Mio. Stück. Mit Absatzsteigerungen von über 300 % hat sich der Markt in Deutschland bis zum Jahr 2007 etwas dynamischer Entwickelt als der westeuropäische Gesamtmarkt mit Absatzsteigerungen von gut 220%. Die Absatzzahlen im Jahr 2007 betrugen in Deutschland so 3,2 Mio. Stück und in Westeuropa 11,6 Mio. Stück (vgl. Abb.7).

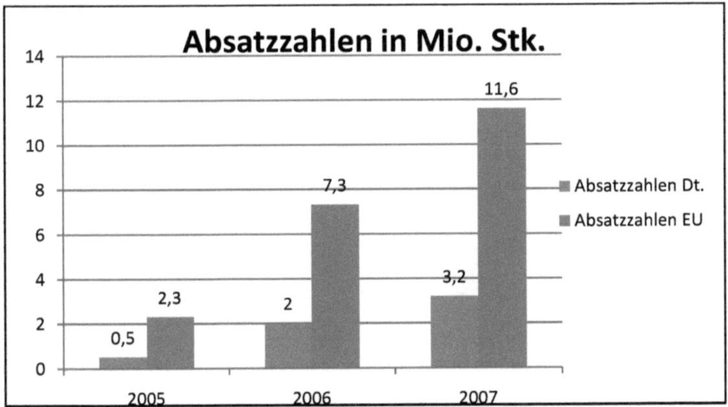

Abbildung 7 - Entwicklung der Absatzzahlen privater Autonavigationsgeräte im Vergleich.
Eigene Darstellung, Daten: BITKOM (Hrsg.) 2007

Der in Deutschland erzielte Umsatz mit PNDs betrug im Jahr 2005 rund 228 Mio. € und im Jahr 2007 rund 992 Mio. €, bei weniger hohen relativen Umsatzsteigerungen als für die Stückzahlen. Hieraus lässt sich bereits ein negativer Preistrend der Einzelgeräte ableiten (vgl. Abb.8).

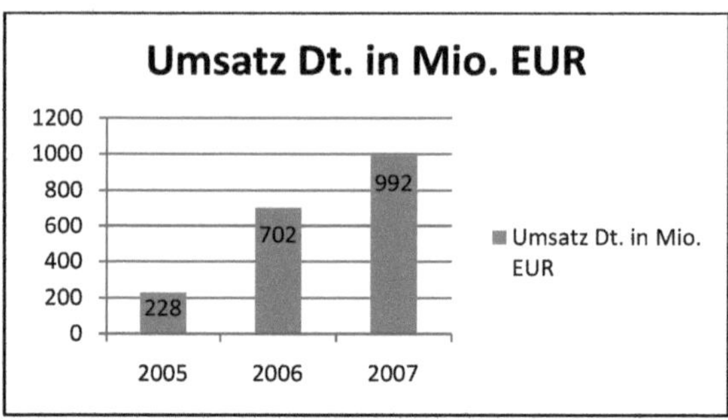

Abbildung 8 - Umsatz mit PNDs in Deutschland.
Eigene Darstellung, Daten: BITKOM (Hrsg.) 2007

Der Trend der immer günstiger werdenden Endverbrauchergeräte geht auch aus Abbildung 9 hervor. Der Durchschnittspreis ist vom Jahr 2006 auf das Jahr 2007 um fast 150 € auf 351 € gesunken (vgl. Abb.9).

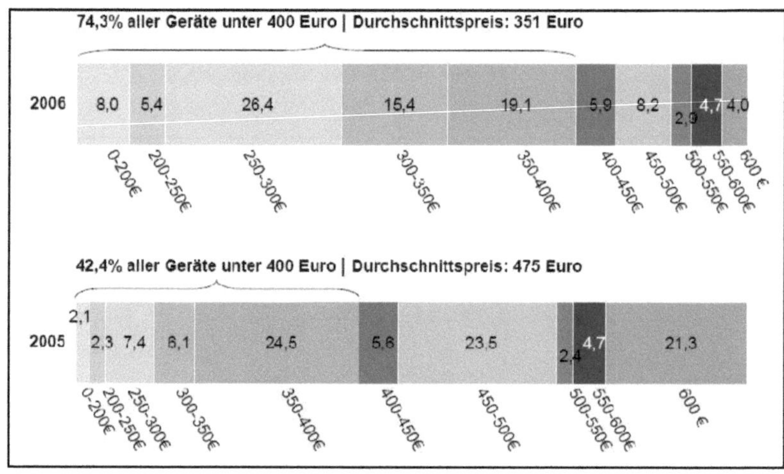

Abbildung 9 - Preisstruktur mobiler Navigationsgeräte in Deutschland. Quelle: BITKOM (Hrsg.) 2007

Heute sind PNDs bereits für unter 100 € zu kaufen. Trotz der aus Verbrauchersicht positiven Preisentwicklung, steigt der Ausstattungsgrad mit Navigationssystem mit dem Haushaltseinkommen an und weniger einkommensstarke Haushalte liegen noch weiter zurück (vgl. Abb.10).

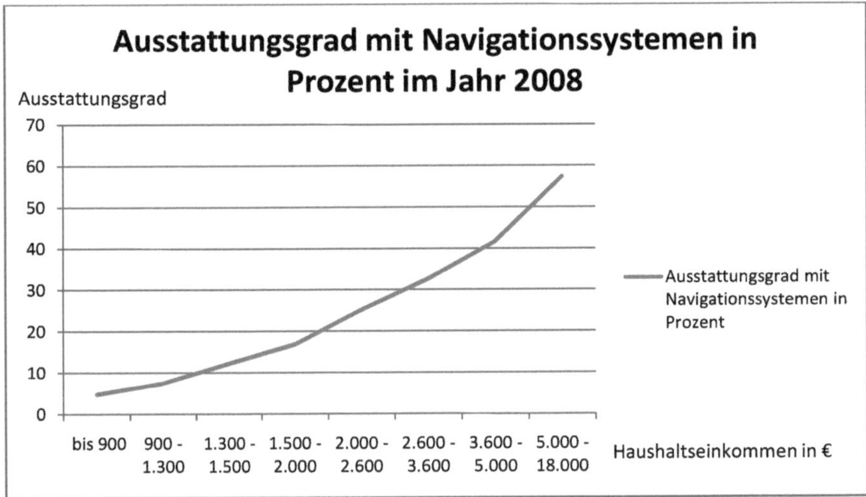

Abbildung 10 - Ausstattungsgrad der Haushalte mit Navigationsgeräten. Eigene Darstellung, Daten: Statistisches Bundesamt Deutschland (Hrsg.) 2008

Im Jahr 2008 gab es in deutschen Haushalten insgesamt rund 8,8 Mio. Navigationsgeräte, dies entspricht einem Ausstattungsgrad von über 20,7 %. Selbständige, Beamte und Angestellte sind die überwiegenden Besitzer von Navigationsgeräten, weniger verbreitet sind Navigationsgeräte in den Gesellschaftsgruppen der Arbeitslosen und nicht Erwerbstätigen, Rentner liegen Anteilsmäßig zwischen den beiden anderen Gruppen. Gründe hierfür liegen zum einen auf der monetären Seite. Arbeitslose und nicht Erwerbstätige haben meist wohl nicht die finanziellen Möglichkeiten sich ein Navigationsgerät zu kaufen. Zum anderen ist das Nutzungsprofil der Navigationsgeräte auch zu einem großen Teil von Arbeitsfahrten bestimmt, welche bei Arbeitslosen und nicht Erwerbstätigen und auch bei Rentnern wegfallen (Statistisches Bundesamt Deutschland (Hrsg.) 2008: S451ff). Betrachtet man die Anbieterseite des Marketes zeigt sich folgendes Bild. Beherrscht wird der Markt von zwei besonders Absatzstraken Anbietern. Garmin (USA) ist der weltweite Marktführer mit 1,85 Mio. verkauften Navigationssystem allein im zweiten Quartal 2007, dicht darauf folgt TomTom (NL) mit 1,85 Mio. verkauften Navigationssystemen. Darauf folgen ehr kleinere Hersteller: Mio (683.500 verkaufte Einheiten), Magellan (421.080 verkaufte Einheiten) und Navman (232.780 verkaufte Einheiten) (areamobile (Hrsg.) 2007). Der PND-Markt ist im Bereich der privaten GPS-Nutzung der wichtigste Markt. Prognosen gehen jedoch davon, dass die Absatzzahlen für PNDs bis 2014 ehr stagnieren, wohingegen der Markt der Smartphones mit GPS-Chip stark ansteigen werden. Im Jahr 2009 hat der PND-Markt nach Ansicht einiger Experten seine Sättigungsphase nach dem Modell des

Produktlebenszyklus bereits erreicht. Nähere Details hierzu sind auch in Kapitel 6.2 zu finden. (iSuppli Applied Market Intelligence (Hrsg.) 2009).

6.1.3 TCM in der Kfz-Navigation

Zielführungssysteme kann man grundsätzlich in dynamische und statische Systeme unterteilen. Während statische System eine optimale Route ausschließlich nach der digitalen Kartengrundlage berechnen, fließen in die Berechnung eines dynamischen Zielführungssystems aktuelle Verkehrsdaten mit ein (May 2002: 21). Unter dem Namen TMC (**T**raffic **M**essage **C**hannel) werden in Deutschland über das bereits vorgestellte RDS kontinuierlich wichtige Verkehrsdaten der Hauptverkehrswege gesendet. TMC-fähige Navigationsgeräte berücksichtigen diese Daten bei der Routenführung, so können Staus und ähnliches umfahren werden. Die Verkehrsrelevanten Daten werden in Deutschland weitestgehend automatisiert gesammelt. Der Großteil der Verkehrsdaten wird von Verkehrsdetektoren erfasst und an Verkehrsrechenzentren weiter geleitet. Alle Verkehrsmeldungen, die von Verkehrsrechnerzentralen, Polizei und Staumeldern gesammelt werden, werden nach Prüfung und Freigabe automatisch veröffentlicht. Öffentlich-rechtliche Rundfunkanstalten und private Rundfunkanbieter verbreiten die Verkehrsmeldungen über TMC. Auch hier soll mittelfristig vom analogen RDS auf das digitale DAB umgestellt werden. Über das digitale Verbreitungssystem können mehr Daten gleichzeitig verbreitet werden. Hierdurch wäre es in Zukunft möglich die TCM-Meldungen über die Hauptverkehrswege hinaus auszuweiten (BITKOM (Hrsg.) 2007). Bei der Ausstattung der verbreiteten Navigationsgeräte lässt sich der Trend erkennen, dass das TMC-System vom Endverbraucher angenommen uns nachgefragt wird und immer mehr zu „Grundausstattung" moderner Navigationsgeräte gehört (vgl. Abb.11). Bei dem vorhandenen Datenstand von 2006 ist davon auszugehen, das heute die Verbreitung von TMC-fähigen Navigationsgeräten weit aus größer ist.

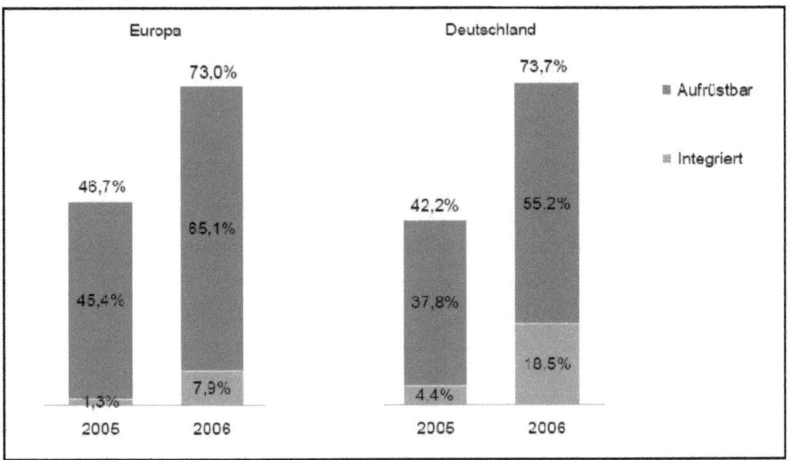

Abbildung 11 - Ausrüstungsstand der Navigationsgeräte mit TMC in Prozent. Quelle: BITKOM (Hrsg.) 2007

6.2 GPS auf Mobiltelefonen und Smartphones

Wie bereits erwähnt wird der Smartphonesektor als GPS-Markt der Zukunft betrachtet. Abbildung 12 zeigt wie sich der Markt für GPS-fähige Smartphone im Verglich zu PNDs entwickelt hat, und welche Entwicklung Prognostiziert wird.

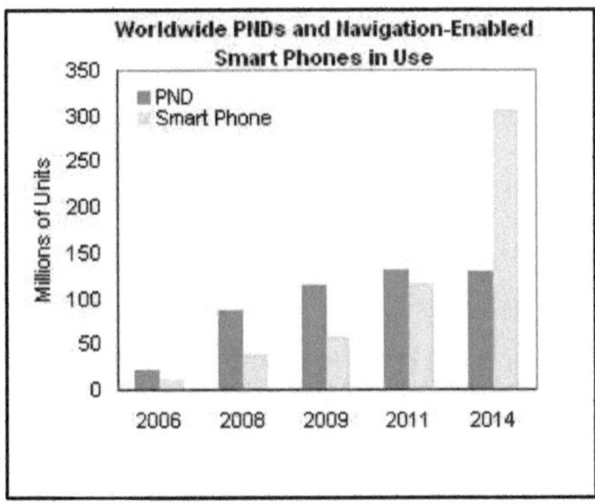

Abbildung 12 - Marktentwicklung der PNDs im Vergleich zu Smartphones.
Quelle: iSuppli Applied Market Intelligence (Hrsg.) 2009

Die ansteigenden Zahlen GPS-fähiger Smartphones sind auf die technische Weiterentwicklung der Hardware zurückzuführen. Vor allem längere Akkulaufzeiten, höhere Rechenleistungen und verbesserte Userinterfaces tragen zu erhöhte Akzeptanz beim Endverbraucher bei. Letztlich dürften auch die sinkenden Preise der GPS-Technologie und die damit sinkenden Endgerätepreise zur weiteren Akzeptanz einen großen Beitrag leisten. Experten gehen davon aus, dass bereits im Jahr 2011 die Rate der verkauften Smartphone mit eingebautem GPS-Chip bei 100% liegt. Bei Miteinbezug der Mobiltelefone in den GPS-Markt zeigt sich, dass deren Anteil bis 2014 noch stärker wachsen wird, als der Anteil der Smartphones. Zusammen werden diese beiden Endverbrauchergeräte nach Meinung einiger Experten den „Navigationsmarkt" bestimmen (iSuppli Applied Market Intelligence (Hrsg.) 2009). Der Anteil von Mobiltelefonen und Smartphones am Navigationsmarkt lag im Jahr 2007 bei ca. 40%, für 2014 werden über 80% Marktanteil prognostiziert wobei der größte Rückgang bei den PNDs zu erwarten ist (vgl. Abb. 13).

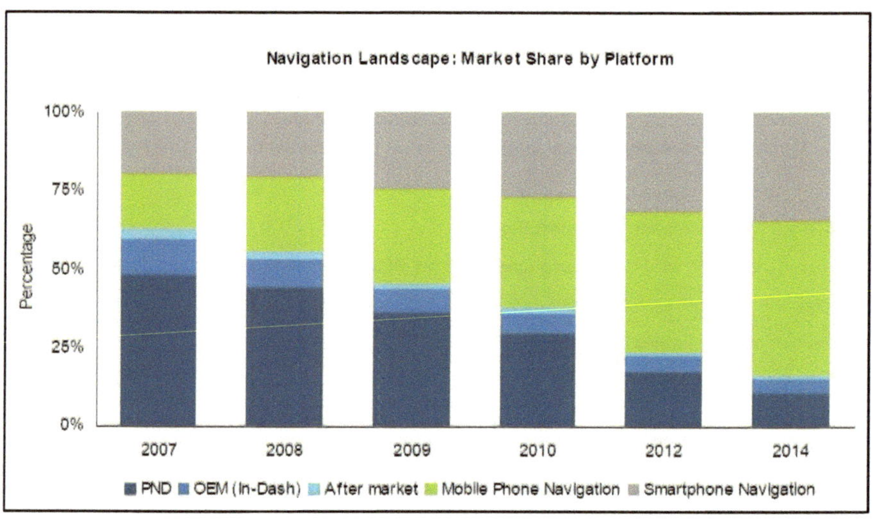

Abbildung 13 - GPS-Anwendungsmarkt nach Plattform. Quelle: iSuppli Applied Market Intelligence (Hrsg.) 2009

Neben der noch besseren Handlichkeit und der damit verbundenen und in der Natur der Mobiltelefone und Smartphones liegenden hohen Flexibilität gibt es noch weiter Faktoren für die hohe (zu erwartende) Akzeptanz der GPS-Funktionalität auf dem Mobilfunkmarkt. Diese Akzeptanzfaktoren ergeben sich auch der Erweiterung der Anwendungsmöglichkeiten. Einfaches navigieren mittels Mobiltelefon ist nur ein kleiner Bestandteil der Möglichkeiten, welcher soch jedoch großer Beliebtheit erfreut. Allein die Navigationssoftwareverbreitung auf dem „iPhone" wird vorraussichtlich bis zum Jahr 2013 auf 28 Mio. Anwender ansteigen, im Jahr 2009 waren es lediglich 2 Mio. Anwender. Die bereits über GSM betriebenen „**L**ocation **B**ased **S**evices" (LBS) können dank GPS genauer und besser umgesetzt werden (iSuppli Applied Market Intelligence (Hrsg.) 2009). Entscheidend ist hierbei die Integrität des Mobiltelefons mit dem Internet, welche aber in der modernen Mobiltelefongenration gegeben ist. So kann jeglicher geographischer Ort ermittelt und mir jeglicher im Internet verfügbaren Information Verknüpft und den Anwender zur Verfügung gestellt werden. Hierdurch entwickelt sich zum einen eine höhere Nachfrage nach diesen Angeboten, aber gleichzeitig auch ein größeres Angebot. Unzählige Applikationen oder „Apps" finden Akzeptanz bei Verbrauchern und Anbietern. Auf Grund der rasanten und sehr breit gefächerten Entwicklung der LBS mit GPS-Anwendung auf Mobilfunkendgeräten werden an dieser Stelle nur sehr kurz verschiedenen Beispiele, aus verschiedenen Anwendungsbereichen, ohne Anspruch auf Vollständigkeit vorgestellt. Neben bereits bekannten LBS wie „City-Guides", Park- und Shoppingtips werden nun auch Vermehrt Verkehrsinformationen des ÖPNV (beispielsweise der DB) in Abhängigkeit vom Standort einfach und schnell mit Echtzeitinformationen zur Verfügung gestellt. Aber auch Anwendungen aus dem Web 2.0 werden vermehrt mit geographischen Informationen verknüpft und auf dem mobilen Endgerät schnell und ortsgebunden zu Verfügung gestellt. Beispiele hierfür sind nicht kommerzielle Restaurantbewertungen oder mobile, ortbezogenen Preisvergleiche mittels Mobiltelefon (z.B. Der Dienst „woabi") (iSuppli Applied Market Intelligence (Hrsg.) 2009 & Gesellschaft für Informatik e.V. (Hrsg.) 2008 & Deutsche Bahn (Hrsg.) 2010 & checkitmobile GmbH (Hrsg.) 2010).

6.3 GPS in sonstigen privaten Anwendungen

Neben der Anwendung von PNDs für die Kfz-Navigation gibt es noch weitere Anwendungsbereiche für mobile Endgeräte. So lassen sich die digitalen Straßenkarten ganz einfach durch Wander- oder radwegkarten ersetzten. So ist auch in diesen Bereichen der Fortbewegung die GPS-Technologie an der Zielführung maßgeblich beteiligt. Desweiteren werden mobile Navigationsgeräte eingesetzt um Besuchern von beispielsweise Naturparks über eine Route zu leiten und weiterführenden Informationen zum gerade aktuellen Ort zur Verfügung zu stellen (Zweckverband Naturpark Eggegebirge und südlicher Teutoburger Wald (Hrsg.) 2010). Das selbe Verfahren wird auch bei so genannten virtuellen Stadtführungen eingesetzt. Grundsätzlich kann die GPS Technologie im privaten Anwendungsbereich überall eingesetzt werden, wo eine Routenführung oder Positionsbestimmung erforderlich ist oder wo eine Positionsbestimmung zur automatischen Bereitstellung von ortspezifischen Informationen notwendig ist.

6.4 Zusammenfassend: Entwicklung des Privatanwendermarktes für GPS

An dieser Stelle lässt sich bereits sehr deutlich erkennen, wie die Entwicklung des Marktes für private Anwendungen von GPS-Navigationssystemen verlaufen ist. Die ursprünglich nicht für den privaten Anwender konzipierte Technologie ist durch stetige Weiterentwicklung zu einem Produkt geworden, welches von der Bevölkerung akzeptiert und nachgefragt wird. Anders herum betrachtet gab es folglich einen Bedarf für das Produkt GPS-Navigation. So hat sich eine Entwicklung vollzogen, welche damit begann, vorhandene Systeme mit GPS-Daten zu unterstützen (Dead-Reckoning). Später wurden mit höhere Signalgenauigkeit und der Erweiterung des GPS (DGPS) die Technik verfeinert und so für Anwender nutzbarer. Die Entwicklungen in den Bereichen der Mikroelektronik haben dazu geführt, das GPS-Navigation flexibler, kleine und preiswerter wurde (PNDs). Letztlich hat sich, mit Erreichen der Merksättigung der PNDs, ein neues Anwendungsfeld aufgetan. Die Verbreitung der GPS-Technologie auf dem Smartphone und Mobiltelefon. In diesem Anwendungsbereich spielt die alleinige Navigation zunehmend eine untergeordnete Rolle. Der Trend zeigt vielmehr, dass durch die Verknüpfung von geographischen Daten (GPS) und ortsspezifischen Informationen (Internet, GSM, UMTS) auf mobilen Endgeräten neue Mehrwertdienste wie LBS geschaffen werden.

7 Fazit

Betrachtet man die anfänglichen Grundideen, die hinter dem GPS-System stehen, nämlich die militärische Nutzung, so ist es um so erfreulicher, dass der private Sektor heute eine so wichtiger Anwendungsbereich geworden ist, dass ihm von der EU sogar ein eigenes Satellitensystem zu Verfügung gestellt werden soll (GALILEO). Die Unabhängigkeit von GALILEO in Hinblick auf staatliche oder militärische Kontrolle ist in meinen Augen eine wichtige, der Entwicklung entsprechende Anforderung an ein modernes, zuverlässiges Satellitensystem. Besonders der Vormarsch der Autonavigation, sei es InCar oder in Form von PNDs zeigt, wie hoch die Akzeptanz der Satellitennavigation heute bei privaten Anwendern ist. Zum Teil haben sich Anwender sogar schon Abhängig von der Technologie gemacht, in dem Sie blind auf Zielführungssysteme vertrauen, ohne sich der dahinter stehenden Technik und Befugnisse bewusst zu sein.   Auch das breite Feld der LBS wird sich voraussichtlich sehr dynamisch weiterentwickeln. Meines Erachtens brachte erst die GPS-Technologie im Mobilfunkbereich den Durchbruch für die LBS mit sich. Es ist mit Spannung abzuwarten, in wie weit das Satellitennavigationssystem noch weiter Einfluss auf den Alltag eines Jeden finden kann und ob es zu einer regelrechten Abhängigkeit von dem System kommen kann.

8 Literatur

areamobile (Hrsg.) (2007): Navisysteme: Garmin löst TomTom als Marktführer ab. Abrufbar unter: http://www.areamobile.de/news/7796-navisysteme-garmin-loest-tomtom-als-marktfuehrer-ab am: 10.04.2010.

BASE TEN SYSTEMS Electronics GmbH (Hrsg.) (1997): Wegweiser Satellitennavigation. Köln.

BITKOM (Hrsg.) (2007): Pressekonferenz Mobile Navigationsgeräte – Marktzahlen und Trends. Abrufbar unter: http://www.bitkom.org/files/documents/Mobile_Navigation_Marktentwicklung_Statistiken.pdf am : 10.03.2010.

Bundesamt für Kartographie und Geodäsie (Hrsg.) (2010): Lagereferenzsysteme. Abrufbar unter: http://www.bkg.bund.de/nn_147448/sid_45445796BACFE2DDC4CEA9AF8AF09A62/DE/Bundesamt/ Geodaesie/Refsys/NatRefLage/Lage.html__nnn=true am: 10.04.2010.
checkitmobile GmbH (Hrsg.) (2010): woabi FAQ. Abrufbar unter: http://www.woabi.de/help am 10.04.2010.

Deutsche Bahn (Hrsg.) (2010): Mit dem iPhone immer bestens informiert. Abrufbar unter: http://www.bahn.de/p/view/buchung/mobil/iphone.shtml am: 10.04.2010.

esa (Hrsg.) (2006): Mit Galileo in die mobile Zukunft. Abrufbar unter: http://www.esa.int/esaCP/SEM0198A9HE_Germany_0.html am: 10.04.2010.

Focus Online (Hrsg.) (2010): EU beschließt Finanzierung gegen Berlin. Abrufbar unter: http://www.focus.de/finanzen/news/galileo_aid_145256.html am: 10.04.2010.

Gesellschaft für Informatik e.V. (Hrsg.) (2008): Location-based Services. Abrufbar unter: http://www.gi-ev.de/service/informatiklexikon/informatiklexikon-detailansicht/meldung/location-based-services-185.html am: 10.04.2010.

iSuppli Applied Market Intelligence (Hrsg.) (2009): Smart Phones to Surpass PNDs in Navigation Market in 2014. Abrufbar unter: http://www.isuppli.com/News/Pages/Smart-Phones-to-Surpass-PNDs-in-Navigation-Market-in-2014.aspx am: 10.03.2010.

Krebs, G. (Hrsg.) (2009): NAVSTAR 2RM. Abrufbar unter: http://space.skyrocket.de/index_frame. htm?http://space.skyrocket.de/doc_sdat/navstar-2rm.htm am: 10.04.2010.

Köhne, A. / Wößner, M. (Hrsg.) (2010a): Kontrollsegment (Bodenstationen). Abrufbar unter http://www.kowoma.de/gps/Bodenstationen.htm am: 10.04.2010

Köhne, A. / Wößner, M. (Hrsg.) (2010b): Geschichte von GPS. Abrufbar unter http://www.kowoma.de/gps/Geschichte.htm am: 10.04.2010

Mansfeld, W. (2004): Satellitenortung und Navigation. Wiesbaden.

May, I. (2002): Fortführung und Erweiterung von GDF als Datengrundlage für Autonavigationssysteme. Berlin (= Berliner Geographische Studien Bd. 51).

Schildt, G. (2008): Satellitennavigation. Wien.

Statistisches Bundesamt Deutschland (Hrsg.) (2008): Ausstattung mit Gebrauchsgütern und Wohnsituation privater Haushalte in Deutschland Ergebnisse der Einkommens- und Verbrauchsstichprobe 2008. Abrufbar unter:

http://www.destatis.de/jetspeed/portal/cms/Sites/destatis/Internet/DE/Content/Publikationen/Querschnittsveroeffentlichungen/WirtschaftStatistik/WirtschaftsrZeitbudget/EVSWista052009,property=file.pdf am: 10.04.2010.

Strobel, J. (1995): GPS Global Positioning System. Poing.

Zweckverband Naturpark Eggegebirge und südlicher Teutoburger Wald (Hrsg.) (2010): GPS-Erlebnisregion. Abrufbar unter: http://www.i-tourguide.de/ am: 10.04.2010.

GPS-Navigation und Verkehrslenkung für private Nutzung S | **21**